This Planner Belongs To:

____

Calendar 2018

January

S	M	T	W	T	F	S
	1	2	3	4	5	6
7	8	9	10	11	12	13
14	15	16	17	18	19	20
21	22	23	24	25	26	27
28	29	30	31			

February

S	M	T	W	T	F	S
				1	2	3
4	5	6	7	8	9	10
11	12	13	14	15	16	17
18	19	20	21	22	23	24
25	26	27	28			

March

S	M	T	W	T	F	S
				1	2	3
4	5	6	7	8	9	10
11	12	13	14	15	16	17
18	19	20	21	22	23	24
25	26	27	28	29	30	31

April

S	M	T	W	T	F	S
1	2	3	4	5	6	7
8	9	10	11	12	13	14
15	16	17	18	19	20	21
22	23	24	25	26	27	28
29	30					

May

S	M	T	W	T	F	S
		1	2	3	4	5
6	7	8	9	10	11	12
13	14	15	16	17	18	19
20	21	22	23	24	25	26
27	28	29	30	31		

June

S	M	T	W	T	F	S
					1	2
3	4	5	6	7	8	9
10	11	12	13	14	15	16
17	18	19	20	21	22	23
24	25	26	27	28	29	30

July

S	M	T	W	T	F	S
1	2	3	4	5	6	7
8	9	10	11	12	13	14
15	16	17	18	19	20	21
22	23	24	25	26	27	28
29	30	31				

August

S	M	T	W	T	F	S
			1	2	3	4
5	6	7	8	9	10	11
12	13	14	15	16	17	18
19	20	21	22	23	24	25
26	27	28	29	30	31	

September

S	M	T	W	T	F	S
						1
2	3	4	5	6	7	8
9	10	11	12	13	14	15
16	17	18	19	20	21	22
23	24	25	26	27	28	29
30						

October

S	M	T	W	T	F	S
	1	2	3	4	5	6
7	8	9	10	11	12	13
14	15	16	17	18	19	20
21	22	23	24	25	26	27
28	29	30	31			

November

S	M	T	W	T	F	S
				1	2	3
4	5	6	7	8	9	10
11	12	13	14	15	16	17
18	19	20	21	22	23	24
25	26	27	28	29	30	

December

S	M	T	W	T	F	S
						1
2	3	4	5	6	7	8
9	10	11	12	13	14	15
16	17	18	19	20	21	22
23	24	25	26	27	28	29
30	31					

Calendar 2019

January						
S	M	T	W	T	F	S
		1	2	3	4	5
6	7	8	9	10	11	12
13	14	15	16	17	18	19
20	21	22	23	24	25	26
27	28	29	30	31		

February						
S	M	T	W	T	F	S
					1	2
3	4	5	6	7	8	9
10	11	12	13	14	15	16
17	18	19	20	21	22	23
24	25	26	27	28		

March						
S	M	T	W	T	F	S
					1	2
3	4	5	6	7	8	9
10	11	12	13	14	15	16
17	18	19	20	21	22	23
24	25	26	27	28	29	30
31						

April						
S	M	T	W	T	F	S
	1	2	3	4	5	6
7	8	9	10	11	12	13
14	15	16	17	18	19	20
21	22	23	24	25	26	27
28	29	30				

May						
S	M	T	W	T	F	S
			1	2	3	4
5	6	7	8	9	10	11
12	13	14	15	16	17	18
19	20	21	22	23	24	25
26	27	28	29	30	31	

June						
S	M	T	W	T	F	S
						1
2	3	4	5	6	7	8
9	10	11	12	13	14	15
16	17	18	19	20	21	22
23	24	25	26	27	28	29
30						

July						
S	M	T	W	T	F	S
	1	2	3	4	5	6
7	8	9	10	11	12	13
14	15	16	17	18	19	20
21	22	23	24	25	26	27
28	29	30	31			

August						
S	M	T	W	T	F	S
				1	2	3
4	5	6	7	8	9	10
11	12	13	14	15	16	17
18	19	20	21	22	23	24
25	26	27	28	29	30	31

September						
S	M	T	W	T	F	S
1	2	3	4	5	6	7
8	9	10	11	12	13	14
15	16	17	18	19	20	21
22	23	24	25	26	27	28
29	30					

October						
S	M	T	W	T	F	S
		1	2	3	4	5
6	7	8	9	10	11	12
13	14	15	16	17	18	19
20	21	22	23	24	25	26
27	28	29	30	31		

November						
S	M	T	W	T	F	S
					1	2
3	4	5	6	7	8	9
10	11	12	13	14	15	16
17	18	19	20	21	22	23
24	25	26	27	28	29	30

December						
S	M	T	W	T	F	S
1	2	3	4	5	6	7
8	9	10	11	12	13	14
15	16	17	18	19	20	21
22	23	24	25	26	27	28
29	30	31				

YEARLY PLAN

	JAN	FEB	MAR	APR	MAY	JUN
1.						
2.						
3.						
4.						
5.						
6.						
7.						
8.						
9.						
10.						
11.						
12.						
13.						
14.						
15.						
16.						
17.						
18.						
19.						
20.						
21.						
22.						
23.						
24.						
25.						
26.						
27.						
28.						
29.						
30.						
31.						

2 0 1 8

	JUL	AUG	SEP	OCT	NOV	DEC
1.						
2.						
3.						
4.						
5.						
6.						
7.						
8.						
9.						
10.						
11.						
12.						
13.						
14.						
15.						
16.						
17.						
18.						
19.						
20.						
21.						
22.						
23.						
24.						
25.						
26.						
27.						
28.						
29.						
30.						
31.						

YEARLY PLAN

	JAN	FEB	MAR	APR	MAY	JUN
1.						
2.						
3.						
4.						
5.						
6.						
7.						
8.						
9.						
10.						
11.						
12.						
13.						
14.						
15.						
16.						
17.						
18.						
19.						
20.						
21.						
22.						
23.						
24.						
25.						
26.						
27.						
28.						
29.						
30.						
31.						

2 0 1 9

	JUL	AUG	SEP	OCT	NOV	DEC
1.						
2.						
3.						
4.						
5.						
6.						
7.						
8.						
9.						
10.						
11.						
12.						
13.						
14.						
15.						
16.						
17.						
18.						
19.						
20.						
21.						
22.						
23.						
24.						
25.						
26.						
27.						
28.						
29.						
30.						
31.						

IMPORTANT DATES

IMPORTANT DATES

Name:	Date:

Address:

Home:

Mobile:	Work/Fax:

E-mail:

Name:	Date:

Address:

Home:

Mobile:	Work/Fax:

E-mail:

Name:	Date:

Address:

Home:

Mobile:	Work/Fax:

E-mail:

Name:	Date:

Address:

Home:

Mobile:	Work/Fax:

E-mail:

Name:	Date:

Address:

Home:

Mobile:	Work/Fax:

E-mail:

Name:	Date:

Address

Home:

Mobile:	Work/Fax:

E-mail:

ADDRESS

Name:	Date:
Address:	
Home:	
Mobile:	**Work/Fax:**
E-mail:	

Name:	Date:
Address:	
Home:	
Mobile:	**Work/Fax:**
E-mail:	

Name:	Date:
Address:	
Home:	
Mobile:	**Work/Fax:**
E-mail:	

Name:	Date:
Address:	
Home:	
Mobile:	**Work/Fax:**
E-mail:	

Name:	Date:
Address:	
Home:	
Mobile:	**Work/Fax:**
E-mail:	

Name:	Date:
Address	
Home:	
Mobile:	**Work/Fax:**
E-mail:	

Name:	Date:
Address:	
Home:	
Mobile:	Work/Fax:
E-mail:	

Name:	Date:
Address:	
Home:	
Mobile:	Work/Fax:
E-mail:	

Name:	Date:
Address:	
Home:	
Mobile:	Work/Fax:
E-mail:	

Name:	Date:
Address:	
Home:	
Mobile:	Work/Fax:
E-mail:	

Name:	Date:
Address:	
Home:	
Mobile:	Work/Fax:
E-mail:	

Name:	Date:
Address	
Home:	
Mobile:	Work/Fax:
E-mail:	

PASSWORD LOG

Website	Username	Password

AUGUST 2018

Sun	Mon	Tues	Wed
			1
5	6	7	8
12	13	14	15
19	20	21	22
26	27	28	29

Notes

Thu	Fri	Sat
2	3	4
9	10	11
16	17	18
23	24	25
30	31	

SEPTEMBER 2018

Sun	Mon	Tues	Wed
2	3 Labor Day	4	5
9	10	11	12
16	17	18	19
23	24	25	26
30			

Notes

Thu	Fri	Sat
		1
6	7	8
13	14	15
20	21	22
27	28	29

"I have not failed. I've just found 10,000
ways that won't work."
- Thomas A. Edison

OCTOBER 2018

Sun	Mon	Tues	Wed
	1	2	3
7	8 Columbus Day	9	10
14	15	16	17
21	22	23	24
28	29	30	31 Halloween Day

"I am enough of an artist to draw freely upon my imagination. Imagination is more important than knowledge. Knowledge is limited. Imagination encircles the world."
- Albert Einstein

Notes

Thu	Fri	Sat
4	5	6
11	12	13
18	19	20
25	26	27

NOVEMBER 2018

Sun	Mon	Tues	Wed
4	5	6	7
11	12 Veterans Day	13	14
18	19	20	21
25	26	27	28

*"'It is never too late to be
what you might have been."
- George Eliot*

Notes

Thu	Fri	Sat
1	2	3
8	9	10
15	16	17
22 Thanksgiving Day	23	24
29	30	

DECEMBER 2018

Sun	Mon	Tues	Wed
2	3	4	5
9	10	11	12
16	17	18	19
23	24	25 Christmas Day	26
30	31		

Notes

Thu	Fri	Sat
		1
6	7	8
13	14	15
20	21	22
27	28	29

____
____
____
____
____
____
____
____
____
____
____
____
____
____
____
____
____
____
____
____

JANUARY 2019

Sun	Mon	Tues	Wed
		1 New Year's Day	2
6	7	8	9
13	14	15	16
20	21 Martin Luther King, Jr. Day	22	23
27	28	29	30

Notes

Thu	Fri	Sat
3	4	5
10	11	12
17	18	19
24	25	26
31		

FEBRUARY 2019

Sun	Mon	Tues	Wed
3	4	5	6
10	11	12	13
17	18 George Washington's Birthday	19	20
24	25	26	27

Thu	Fri	Sat
	1	2
7	8	9
14 Valentine's Day	15	16
21	22	23
28		

MARCH 2019

Sun	Mon	Tues	Wed
3	4	5	6
10	11	12	13
17	18	19	20
24	25	26	27
31			

"*Whether you think you can or think you can't, you're right.*"
— Henry Ford

Notes

Thu	Fri	Sat
	1	2
7	8	9
14	15	16
21	22	23
28	29	30

"*Whether you think you can or think you can't, you're right.*"
— Henry Ford

APRIL 2019

Sun	Mon	Tues	Wed
	1	2	3
7	8	9	10
14	15	16	17
21	22	23	24
28	29	30	

Notes

Thu	Fri	Sat
4	5	6
11	12	13
18	19	20
25	26	27

MAY 2019

Sun	Mon	Tues	Wed
			1
5	6	7	8
12	13	14	15
19	20	21	22
26	27 Memorial Day	28	29

Notes

Thu	Fri	Sat
2	3	4
9	10	11
16	17	18
23	24	25
30	31	

JUNE 2019

Sun	Mon	Tues	Wed
2	3	4	5
9	10	11	12
16	17	18	19
23	24	25	26
30			

"Whatever you do will be insignificant, but it is very important that you do it."
— Mahatma Gandhi

Notes

Thu	Fri	Sat
		1
6	7	8
13	14	15
20	21	22
27	28	29

JULY 2019

Sun	Mon	Tues	Wed
	1	2	3
7	8	9	10
14	15	16	17
21	22	23	24
28	29	30	31

Notes

Thu	Fri	Sat
4 Independence Day	5	6
11	12	13
18	19	20
25	26	27

AUGUST 2019

Sun	Mon	Tues	Wed
4	5	6	7
11	12	13	14
18	19	20	21
25	26	27	28

Notes

Thu	Fri	Sat
1	2	3
8	9	10
15	16	17
22	23	24
29	30	31

SEPTEMBER 2019

Sun	Mon	Tues	Wed
1	2 Labor Day	3	4
8	9	10	11
15	16	17	18
22	23	24	25
29	30		

Thu	Fri	Sat
5	6	7
12	13	14
19	20	21
26	27	28

Notes

____
____
____
____
____
____
____
____
____
____
____
____
____
____
____
____
____
____
____
____
____
____

OCTOBER 2019

Sun	Mon	Tues	Wed
		1	2
6	7	8	9
13	14 Columbus Day	15	16
20	21	22	23
27	28	29	30

> *"Live in the present, remember the past, and fear not the future, for it doesn't exist and never shall. There is only now."*
> *— Christopher Paolini, Eldest*

Notes

Thu	Fri	Sat
3	4	5
10	11	12
17	18	19
24	25	26
31 Halloween Day		

November 2019

Sun	Mon	Tues	Wed
3	4	5	6
10	11 Veterans Day	12	13
17	18	19	20
24	25	26	27

"What makes the desert beautiful,' said the little prince, 'is that somewhere it hides a well..."
— Antoine de Saint -Exupéry, The Little Prince

Notes

Thu	Fri	Sat
	1	2
7	8	9
14	15	16
21	22	23
28 Thanksgiving Day	29	30

DECEMBER 2019

Sun	Mon	Tues	Wed
1	2	3	4
8	9	10	11
15	16	17	18
22	23	24	25 Christmas Day
29	30	31	

Notes

Thu	Fri	Sat
5	6	7
12	13	14
19	20	21
26	27	28

Notes

Notes

Notes

Notes

Notes

Made in the USA
Monee, IL
07 July 2026